前　言

　　什么是地震预警？地震预警就是大地震发生后，利用地震波和电磁波传播的时间差发出警报信息。2011年3月11日，日本发生9.0级地震时，其国家地震预警系统通过广播、电视等媒介发布地震警报，数百万日本人在地震波到达前得到了地震预警信息，获得了逃生避险的机会。当时国内有报道称日本气象厅提前数十秒准确预报了这次地震，这种说法其实是对地震预报与地震预警概念的不准确理解造成的。

　　当前，地震预报依然是困扰世界地震科学界的难题。但是，地震预警系统技术已日臻成熟，世界上有很多国家已经开始重视地震预警在防震减灾中的作用。如果在地震波到达前发出预警，就理论而言，哪怕只有几秒钟，也可以挽救无数的生命，有关方面也可以利用这极为短暂的时间采取一些恰当的紧急处置措施，减小地震可能引发的次生灾害。

　　我国于2008年启动地震预警系统的试点示范工程，在福建个别地区建立局部地震预警系统。汶川地震后，四川、云南等地区也建立了部分预警系统雏形。目前，国家地震烈度速报与预警工程项目正式实施，建设完成后可在破坏性地震发生后5～10秒内发出地震预警信息，通过通信网络和服务终端将信息向社会发布。项目计划在2022年实现全国破坏性地震有效预警和烈度速报的功能。

　　我们希望这本书能帮助读者科学认识地震预警知识，并期待全社会广泛行动起来，关注防震减灾工作，把防震减灾变为维护自身安全的自觉行动，携手缔造拥有地震安全的美好家园。

人物介绍

震震

地震特别调查员，他的工作是探究地球上所有与地震有关的事情。他的右臂钻头可以深入地下，是他研究地震的有力工具。

小E

震震的得力助手，是一个科学智能机器人，能迅速提供海量的知识数据。

市长

S市市长，对市民很关心、很负责，对待每件事情都想刨根问底，所以显得很唠叨。

邪恶教授

妄想统治地球，对阻碍自己的一切事物都要加以破坏，对人类有统治欲。

2011年3月11日，日本东北部太平洋海域发生了9.0级大地震，地震预警系统迅速通过广播、电视等媒介发布了警报，数百万日本民众在地震波到达前接收到预警信息，获得了宝贵的几秒到几十秒的逃生时间。

地震破坏力巨大，它可以在十几秒之内把一座城市夷为平地，比一颗原子弹的威力还要大的多！

"地震预警系统"可以说就是一个与地震波赛跑，为人们争取逃生时间的系统。

9

我带你了解一下地震预警和预报吧！

地震预警与预报的区别

地震预警是指在地震已发生的前提下，抢在地震波到达之前，也就是严重灾难尚未形成之前向人们发出警报。

地震预报是指对尚未发生、但预测可能发生的地震事件发出通告。

预警

预报

预报

预警

没弄清楚吗？那我就再举个简单的例子，来说明地震预警和预报的区别吧。

是地震了吗？
我感觉……
好晕……

注意啦，我扔了个花盆下去，我是故意的，哈哈哈！

如果不让我统治S市的话，我就把这个花盆扔下去！

预警就像身处高层的人打翻了一个花盆，迅速朝楼下的人喊"小心避让"。

预报则像身处高层的人手里拿着一个花盆，向楼下的人喊"你们注意了，我要扔花盆下去了"。

赶在地震波到来之前发出警报?

地震所带来的肆意破坏和混乱全都来自于地震波。

经过漫长的岁月积累，埋在地下深处的岩石中的能量越积越多，直到有一天，这些久被压抑的能量猛然发作，随地震波穿过地壳传播出来，让我们感受到猛烈震动。

震中

地震波

震源

地震波

地震发生时，震源区的岩石会发生急速的错动和破裂，引发强烈的振动并以波的方式在地球内部和地球表面向四周传播，这种波就是地震波。

这就是地震波的真面目！

原来是这样的！

震源

地震波一般分为纵波和横波。

纵波（P波）：这种类型的地震波使某些岩石受到挤压，而另一些岩石则被拉伸。P波是最先到达地面的，它的传播速度较快，但震动、携带的能量小，破坏力也就较小。

横波（S波）：这种波以波浪的形式穿过地球内部，到达地表。这种类型的地震波是尾随着P波到达地面的。它携带的能量大，是大地震时造成建筑物破坏的主要因素。

纵波（P波）传播得最快，它以每秒约6千米的极快速度在地壳中运行。横波（S波）以每秒约4千米的速度紧随着P波而至。这就有了时间差。

我明白了，地震波的类型不同，它们的传播速度与到达时间也不同。

S波

P波

电磁波的传播速度为每秒30万千米，比地震波快得多。警报在地面传递所需的时间几乎可以忽略不计。而地震波的传播速度最快约为6千米/秒。

地震波

还是我电磁波跑得快！

电磁波

地震预警系统正是利用纵波和横波、纵波和电磁波传播的时间差来进行地震预警的。

地震预警原理示意图

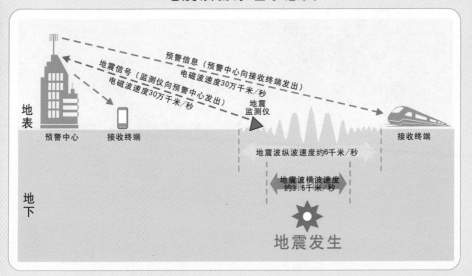

预警信息（预警中心向接收终端发出）
电磁波速度30万千米/秒

地震信号（监测仪向预警中心发出）
电磁波速度30万千米/秒

地表

预警中心　接收终端　　地震监测仪　　　　　　　　　接收终端

地震波纵波速度约6千米/秒

地震波横波速度约3.5千米/秒

地下

地震发生

地震预警系统示意图

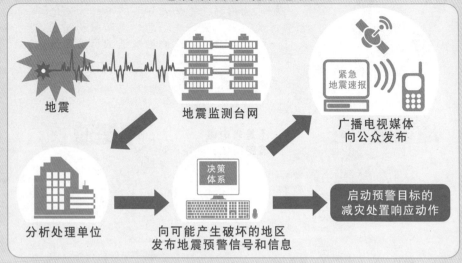

地震 → 地震监测台网 → 广播电视媒体向公众发布

分析处理单位 → 向可能产生破坏的地区发布地震预警信号和信息 → 启动预警目标的减灾处置响应动作

紧急地震速报

决策体系

卑鄙的邪恶教授先生，我不得不很遗憾地告诉你：你统治S市的梦想破灭了！我们马上就要在S市里安装一套地震预警系统，所以就算你发动大地震也没用，因为地震预警系统会发出警报，让市民们提前做好防震准备。

哈哈哈！

提前？你最好先问问那个叫震震的小子，他的"地震预警系统"到底能提前多久发出警报吧？

当S市发生地震时，位于S市以外的地区可以赶在横波到来之前发出预警，避免重大破坏，但作为震中的S市是没办法预警的，因为几乎没有可供预警的时间。根据不同地区到S市的距离，预警系统能提供的预警时间通常在几秒到几十秒之间不等。

地震将在5秒后来袭！

A市

S市

B市

C市

地震将在10秒后来袭！

地震将在21秒后来袭！

地铁

你可别小看这几秒钟的时间啊！这几秒钟足以让高速列车立即减速停车避险、核电站反应堆停止工作等，从而避免更大的灾难发生。

轰轰轰轰轰……

一些地震多发国家的地震预警系统可以与其他公共设施相联，地震一旦发生，消防站大门即可自动开启，城市的水、气阀门将自动关闭，医院的自动发电机开始运转，最主要的是能够使学校的孩子们迅速躲避。

那么，对于普通市民们来说，在这几秒钟的时间里又能做点儿什么呢？

在地震波来袭之前，十余秒钟对于人们完成自我保护工作来说是非常充裕的。接到地震预警之后，你可以第一时间跑到相对安全的地方。

如果你只有不到3秒钟的时间，那么双手抱头，就地蹲到桌子或床底下。

各位市民，面对突如其来的地震，保持镇静最重要。

听起来地震预警还是很有用的……那么就有劳震震抓紧时间给S市安装地震预警系统吧！这样一来，如果邪恶教授真在一个小时后发动大地震，我们就能利用预警系统给周边城市居民发警报了！

地震预警系统可不是说装就能装的。建立地震预警系统是一项浩大而烦琐的工程！

大工程

地震预警的原理虽然简单，但要据此建一个全国性的地震预警系统，却极其不易，至少要具备三个条件：首先，要有地震台站组成的密集的地震台网，实时监测全国各地的情况；其次，对收集的数据要能做高速、有效的分析、处理，快速确定震中和震级；最后，能准确地向地震危及地区发出预警信号。

部署地震预警系统，是一项复杂的系统工程，并不是纯粹的技术问题，需要综合考虑科技因素、经济因素和社会因素。

地震预警系统面临着这样一个情况：对发生在我们脚底下的地震没有用，因为可供预警的时间太短；对本来不会造成破坏的地震也没有效果，而且有可能造成不必要的恐慌。

听你这么一说，地震预警好像又不是很靠谱……建立地震预警系统到底是有必要还是没必要……真是伤脑筋啊！

没错！1个小时的时间到！看样子，你是不肯让我统治S市啰？

住口！别跟我说这些惨兮兮的话，会影响我毁灭S市的心情！

等一下，叫我把眼睛闭上，要破坏我美丽的S市，我实在看不下去！

到现在为止，地震预报在全球范围内依然是一大科学难题，但无法预报不代表不能预警。尽管地震预警技术还存在一定的局限性，但它已被实践证明是一套有效的减轻地震灾害损失的措施。

墨西哥处在环太平洋地震带上，从1978年以来,墨西哥一直处于频繁的地震状态。墨西哥城地震预警系统于1991年8月投入使用，向公众发布地震警报。1995年，日本阪神地震后，日本政府加强了地震监测，在全国布设地震台网。日本的全国性地震预警系统在2007年正式运行。

我国的地震烈度速报与预警工程预计在2022年建设完成，到时候可在破坏性地震发生后5～10秒内发出地震预警信息；1～2分钟内给出地震基本参数(震级、时间、地点)；2～5分钟内给出受地震影响的县级以上城市的地震烈度(地震破坏程度)结果；0.5～24小时内给出震区地震灾害初步评估结果。这些信息可为国家部署抗震救灾工作提供基础依据。

尽管地震预警能够减轻地震灾害损失，但这还远远不够，提高房屋的抗震水平和公众的自救互救能力等同样不可或缺。防震减灾不能光靠仪器设备，更需要人们的防震抗震观念的提升和对生命的敬畏之心。

地震避险顺口溜

避震知识是良方，遇到地震莫仓皇。
震时行动要果断，犹豫不决最遭殃。
平房可以离现场，楼房避险有文章。
切忌跳楼乘电梯，不靠窗边和外墙。
可往卫生间里躲，可向坚固桌下藏。
双手护头莫直立，须避落物防砸伤。
公共场合听指挥，避免拥挤别慌张。
一旦埋压要冷静，先保呼吸得通畅。
寻找硬物作支撑，以防余震造新伤。
等待救援有耐心，保存体力留希望。
学会技能多演练，受用一生保安康。